华中区域气候变化评估报告:2020

决策者摘要

《华中区域气候变化评估报告:2020》编写委员会　编

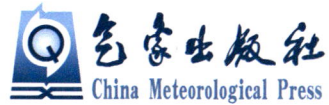

图书在版编目(CIP)数据

华中区域气候变化评估报告：2020 决策者摘要 /《华中区域气候变化评估报告：2020》编写委员会编. —北京：气象出版社，2021.7

ISBN 978-7-5029-7453-4

Ⅰ.①华… Ⅱ.①华… Ⅲ.①气候变化-研究报告-中国-2020 Ⅳ.①P468.2

中国版本图书馆 CIP 数据核字(2021)第 101211 号

华中区域气候变化评估报告：2020　决策者摘要

Huazhong Quyu Qihou Bianhua Pinggu Baogao：2020　Juecezhe Zhaiyao

---

出版发行：	气象出版社		
地　　址：	北京市海淀区中关村南大街 46 号	邮政编码：	100081
电　　话：	010-68407112(总编室)　010-68408042(发行部)		
网　　址：	http://www.qxcbs.com	E-mail：	qxcbs@cma.gov.cn
责任编辑：	陈　红	终　　审：	吴晓鹏
责任校对：	张硕杰	责任技编：	赵相宁
封面设计：	艺点设计		
印　　刷：	北京建宏印刷有限公司		
开　　本：	889 mm×1194 mm　1/16	印　　张：	2
字　　数：	45 千字		
版　　次：	2021 年 7 月第 1 版	印　　次：	2021 年 7 月第 1 次印刷
定　　价：	30.00 元		

本书如存在文字不清、漏印以及缺页、倒页、脱页等，请与本社发行部联系调换

主要作者

刘　敏	武汉区域气候中心
王　凯	武汉区域气候中心
万素琴	武汉区域气候中心
梁益同	武汉区域气候中心
王纪军	河南省气候中心
彭嘉栋	湖南省气候中心
高　媛	武汉区域气候中心
方思达	武汉区域气候中心
王　苗	武汉区域气候中心
竹磊磊	河南省气候中心
任永建	湖北省气象服务中心
温泉沛	武汉区域气候中心
杨　超	中国科学院精密测量科学与技术创新研究院
刘志雄	武汉区域气候中心
秦鹏程	武汉区域气候中心
靳艳秋	武汉区域气候中心
邓爱娟	武汉区域气候中心
史瑞琴	武汉区域气候中心
肖　莺	武汉区域气候中心
刘可群	武汉区域气候中心
张丽文	武汉区域气候中心
刘佩廷	武汉市气象局
贺　哲	河南省气象台

评审专家

丁一汇　　国家气候中心
翟盘茂　　中国气象科学研究院
巢清尘　　国家气候中心
袁佳双　　中国气象局科技与气候变化司
任国玉　　国家气候中心
刘洪滨　　国家气候中心
吴绍洪　　中国科学院地理科学与资源研究所
居　辉　　中国农业科学院农业环境与可持续发展研究所
孙　洪　　中国 21 世纪议程管理中心

序 言

当前全球气候系统正经历着以变暖为主要特征的显著变化,气候风险持续上升,对全球经济社会发展造成深远影响。同时,世界百年未有之大变局正进入加速演变期,全球性挑战日益上升,气候治理进程更加复杂。中国人口众多,气候条件复杂,生态环境脆弱,极易受到气候变化的不利影响。中国政府高度重视应对气候变化工作,采取强有力的政策措施,在有效控制温室气体排放、增强适应气候变化能力等领域取得了积极成效。2020年9月22日,习近平主席在第75届联合国大会一般性辩论上提出"中国将提高国家自主贡献力度,采取更加有力的政策和措施,二氧化碳排放力争2030年前达到峰值,努力争取2060年前实现碳中和",更加坚定了中国走绿色低碳道路的信心和决心。

科学评估并准确辨识气候变化及其影响,是应对气候变化工作的基础。中国气象局作为基础性科技部门,先后两次组织开展了区域气候变化评估报告编制工作。第二次区域气候变化评估工作于2017年启动,覆盖华北、东北、华东、华中、华南、西南、西北和新疆八个区域,力求在区域层面更加详尽地反映国内气候变化最新研究进展,提升区域应对气候变化科技支撑能力。

华中区域地处我国中部、长江中游和黄河中下游地区,是我国重要的粮食生产基地,国民经济发展地位凸显。"十四五"期间,华中区域全面推进长江和黄河生态保护和修复、加快中部崛起、转变经济发展方式等提供了新机遇新需求。区域也是我国南北气候过渡带,气候复杂多变,是气候变化影响的敏感区和脆弱区,暴雨、干旱、高温等气象灾害及其次生灾害发生频繁,对粮食安全、生态安全、能源安全、公共卫生安全等构成严重威胁，区域在适应气候变化方面面临诸多新的挑战。

在湖北省、湖南省和河南省气象部门科技人员的共同努力下，历时三年完成的《华中区域气候变化评估报告:2020 决策者摘要》即将付梓出版。决策者摘要分析了华中区域气候变化的基本事实和未来趋势，评估了气候变化对农业、重大水利工程营运、湖泊湿地生态的影响，提出了应对策略和措施选择，以期为促进区域经济社会可持续发展，切实发挥气象部门保障作用。在此，我将本决策者摘要推荐给各级政府决策部门、科技人员以及关心区域气候与环境问题的广大读者，并向为决策者摘要出版做出贡献的科技人员表示衷心感谢！

中国气象局党组书记、局长

2021 年 1 月

目 录

序言

1 引言 …………………………………………………………………………（1）
 1.1 意义、范围和结构 …………………………………………………………（1）
 1.2 资料和方法 …………………………………………………………………（2）

2 气候变化观测事实 ……………………………………………………………（3）
 2.1 基本气候要素变化 …………………………………………………………（3）
 2.2 极端天气气候事件变化 ……………………………………………………（5）

3 未来气候变化和风险 …………………………………………………………（7）
 3.1 未来气候变化趋势 …………………………………………………………（7）
 3.2 未来极端天气气候事件变化 ………………………………………………（8）

4 气候变化对农业的影响 ………………………………………………………（9）
 4.1 影响和风险 …………………………………………………………………（10）
 4.2 应对策略和措施选择 ………………………………………………………（12）

5 气候变化对重大水利工程营运的影响 ………………………………………（13）
 5.1 影响和风险 …………………………………………………………………（13）
 5.2 应对策略和措施选择 ………………………………………………………（15）

6 气候变化对湖泊湿地生态的影响 ……………………………………………（16）
 6.1 影响和风险 …………………………………………………………………（16）
 6.2 应对策略和措施选择 ………………………………………………………（17）

附录　重要概念 …………………………………………………………………（19）
致谢 ………………………………………………………………………………（21）

1 引 言

1.1 意义、范围和结构

气候变化是当今社会面临的重大挑战,深刻影响着人类赖以生存的自然环境和经济社会的可持续发展。科学评估气候变化及其影响是客观认识、有效应对气候变化的基础。联合国政府间气候变化专门委员会(IPCC)于 2014 年发布了第五次全球气候变化(AR5)的科学评估报告,进一步提升了国际社会对于适应气候变化和可持续发展的认识水平。我国相继发布了三次《气候变化国家评估报告》,2012 年华中区域发布了第一次《华中区域气候变化评估报告》,为全国和区域应对气候变化,促进经济社会可持续发展提供了重要的科学基础。

华中区域包括河南、湖北、湖南三个省,位于我国中部、长江中游和黄河中下游地区,起着承东启西、连通南北的重要作用,也是我国南北气候过渡带,气候复杂多变,暴雨、干旱、高温等气象灾害及其次生灾害发生频繁。在全球气候变暖的背景下,区域在应对气候变化方面面临诸多新挑战,影响区域社会经济的可持续发展。在中国气象局的统一部署下,于 2017 年启动了《华中区域气候变化评估报告:2020》(以下简称《报告》)的编写工作,《报告》基于科学分析,系统梳理归纳有关华中区域气候变化科学研究成果,以适应气候变化为主线,凝练出重要的区域气候变化科学结论,既补充了《第四次气候变化国家评估报告》更细化的区域气候变化信息,也将满足区域内各级政府应对气候变化和生态文明建设的迫切需求。

《华中区域气候变化评估报告:2020 决策者摘要》(以下简称《决策者摘要》,SPM)是对《报告》结论的高度概括精练。《决策者摘要》共分 6 章,第 1~3 章主要根据观测资料和气候预估资料开展气候变化观测事实分析和未来气候变化及风险预估;第 4~6 章主要采用文献评估的方法评估了气候变化对农业、重大水利工程营运、湖泊湿地生态的影响,提出了适应气候变化的应对策略和措施选择。段落后"{ }"中的内容分别表示详细内容在《报告》中的章节出处,本《决策者摘要》中的图表序号。

1.2 资料和方法

(1)资料

①武汉(1907年)、宜昌(1924年)、芷江(1937年)、长沙(1951年)、开封(1951年)、濮阳(1954年)站至2017年气温、降水资料；

②1961—2017年华中区域306个国家气象站观测资料；

③1961—2017年郑州、武汉、芷江等8个探空站气温、风速资料；

④国家气候中心提供的CMIP5全球气候模式HadGEM2-ES驱动的RegCM4.4在中等温室气体排放情景RCP4.5下华中区域气候变化预估数据，分辨率25千米×25千米；未来预估时段为21世纪近期(2020—2035年)、中期(2046—2065年)和远期(2081—2100年)；

⑤国家气候中心依据IPCC发布的5种共享社会经济路径(SSPs)构建的2010—2100年华中区域高分辨率(0.5°×0.5°)人口和社会经济数据；

⑥如无特别说明，《报告》中涉及的距平均指相对于1981—2010年平均值的差值；预估的是相对于1986—2005年平均值的比较。

(2)评估方法

①采用统计方法，分析并检验区域气候的趋势性、阶段性、突变性和周期性变化特征；采用百分位法或绝对阈值法确定极端天气气候事件；

②利用预估数据，对比分析1986—2005年模式模拟、观测数据时间序列、空间分布场，评估模式的可用性，并预估未来华中区域温度、降水变化；

③按照"风险＝致灾危险度×承载体易损度"的风险评估模型，对赋予不同权重的致灾危险度和承灾体易损度进行加权综合评价，得到灾害风险度。风险等级分为低、次低、中等、次高、高5个等级；

④采用文献评估的方法，综合归纳了2019年之前国内外300多篇公开发表的气候变化对华中区域农业、重大工程、湖泊湿地、城市气候风险等影响研究的文献成果。

专栏1:不确定性和信度说明

在气候变化研究和评估过程中，不确定性的表述方式一般归纳为两类，第一类是半定量或定性表述，即基于多源数据或结论，给出对应于评估结果及其可靠性的判断；第二类是采用量化指标进行定量表述，即除了给出估算的数值外，还给出利用统计方法计算得到的该数值的置信区间，其中置信区间体现着该数值的不确定性。

参考IPCC第五次评估报告和相关研究，本报告对不确定性的表述主要采用第一类方法，即基于证据的类型、数量、质量和一致性(如对机理的认识、理论、数据、模式、专家判断)，以及反映学术界共识的程度，以高信度、中等信度、低信度表示评估结论的可靠性。

2 气候变化观测事实

2.1 基本气候要素变化

气温显著上升,区域东部和春季变暖最明显(高信度);入春提前,入秋推迟,夏季延长,冬季缩短(高信度)。1907—2017年,华中区域气温总体经历了"暖—冷—暖"的变化过程,呈显著升温趋势,升温速率为0.06 ℃/10年,20世纪80年代以后尤其是90年代以来升温显著。1961—2017年区域年平均气温升温速率为0.18 ℃/10年,升温速率低于全国(0.24 ℃/10年)、高于全球(0.13 ℃/10年)。东部以0.20~0.40 ℃/10年的速率升温,增温幅度大;春、秋、冬增温趋势明显,其中春季增温幅度最大,夏季气温呈不明显下降趋势;最低气温升温速率大于最高气温。气温日较差以0.11 ℃/10年的速率明显减小。1961—2017年区域入春、入夏日期提前,每10年分别提前2.2天和0.4天;入秋、入冬日期推迟,每10年分别推迟1.1天和0.3天。春、夏季持续天数延长,每10年分别延长1.8天和1.5天;秋、冬季持续天数缩短,每10年分别缩短0.7天和2.6天。{2.1.1,2.1.5,图SPM.1,图SPM.2(a)}

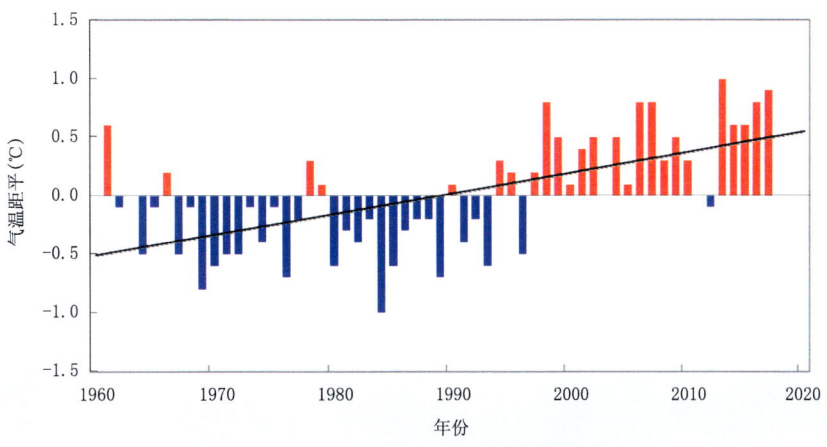

图SPM.1 华中区域1961—2017年年平均气温距平(相对于1981—2010年)变化

年降水量具有明显的年代际变化特征,但降水日数减少,降水强度增加(高信度)。长江中游入出梅时间变化不明显,梅雨期长度缩短,梅雨和秋雨强度略有增加(高信度)。百年来,华中区域年降水量无明显变化趋势,但年代际波动明显,多雨期与少雨期交替出现,20世纪50年代、80年代以及21世纪10年代以来降水偏多,20世纪60—70年代和21世纪初降水偏少。1961—2017年区域年降水量变化趋势仍然不明显,但是地区、季节有差异。豫中西部、鄂西南大部、鄂北中部和湘东南南部呈减少趋势,鄂东和湖南大部呈略增加趋势。夏、冬季降水量分别以8.7毫米/10年、3.2毫米/10年的速率增加;春、秋季分别以4.6毫米/10年、2.2毫米/10年的速率减少。年降水日数以1.6天/10年的速率减少。1961—2017年长江中游平均入梅时间为6月17日,平均出梅时间为7月11日;梅雨期长度以0.4天/10年的速率缩短;梅雨和秋雨强度略有增加。{2.1.2,2.1.7,图SPM.2(b),图SPM.3}

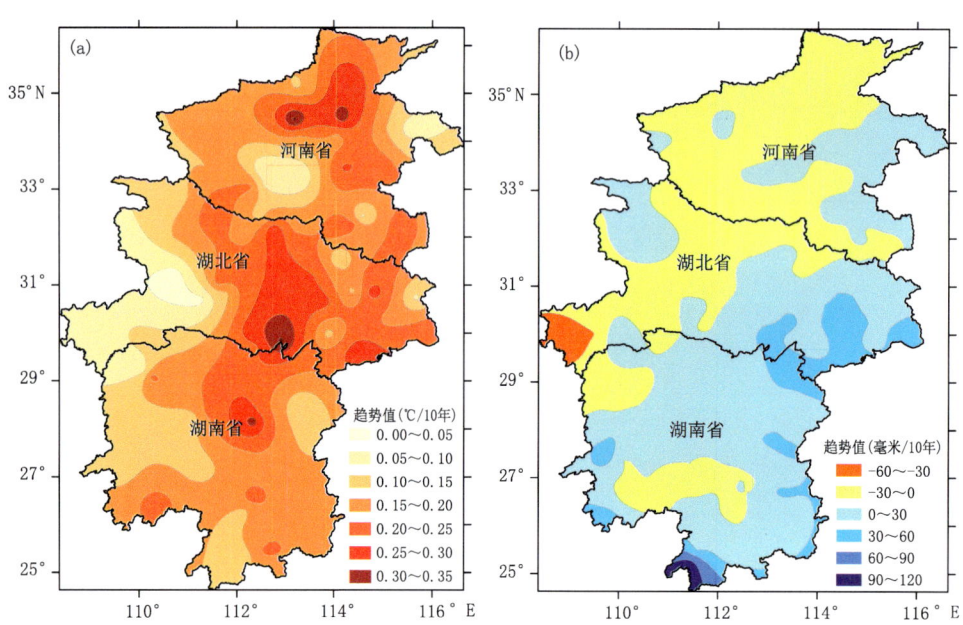

图SPM.2　1961—2017年华中区域年平均气温(a)和年降水量(b)变化趋势的空间分布

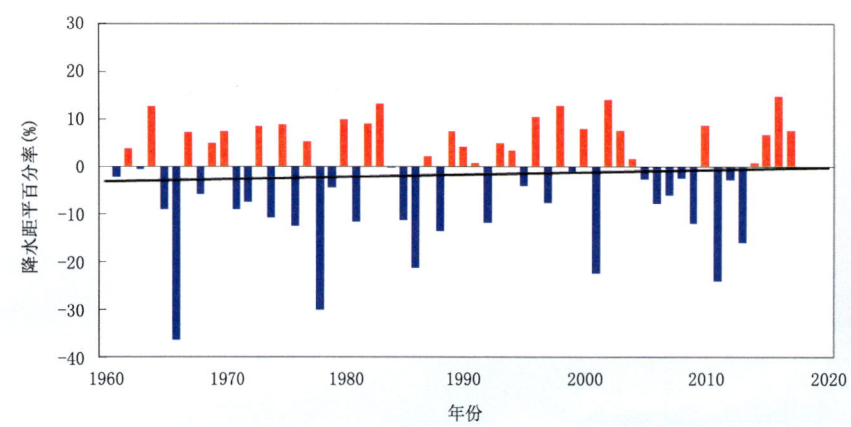

图SPM.3　1961—2017年华中区域年降水量距平百分率(相对于1981—2010年)变化

日照时数减少、风速减小、相对湿度变化不显著(中等信度)。1961—2017 年,华中区域年日照时数以 54.1 小时/10 年的速率显著减少,且近 10 年尤为突出;年平均风速以 0.2 (米/秒)/10 年的速率减少;年平均相对湿度变化不显著。{2.1.3,2.1.4,2.1.6}

平流层下层降温和对流层低层增温趋势显著(高信度),中低空风速的变化趋势不明显(高信度)。1961—2017 年,华中区域平流层下层(16500 米)年平均气温下降趋势极显著;对流层上层(9500 米)呈下降趋势,每 10 年降低 0.03 ℃,对流层低层(1500 米)上升趋势极显著,每 10 年增加 0.15 ℃。区域平流层下层、对流层上层和低层平均温度变化趋势与中国高层变化总体一致。1981—2014 年 1000 米、1500 米年平均风速略有增加,500 米、2000 米、3000 米年平均风速略有减小。{2.1.8}

2.2 极端天气气候事件变化

高温事件增多,低温事件减少(高信度)。1961—2017 年,华中区域日最高气温≥35℃的高温日数和暖夜日数分别以 3.7 天/10 年、9 天/10 年的速率显著增多;中北部暖夜日数增速高于南部;20 世纪 90 年代以来极端高温事件频发,2013 年华中区域发生了最严重极端高温事件,区域平均高温日数达 38 天,较常年平均值偏多 20 天,湖南省、湖北省超过 60% 的地区高温突破极端阈值。日最低气温≤0 ℃ 的低温日数和冷夜日数都以 3.9 天/10 年的速率显著减少,南部极端低温事件减少速率高于北部;但低温雨雪冰冻天气仍时有出现,2008 年初华中区域遭受了罕见低温雨雪冰冻灾害天气。{3.1,3.2}

极端降水事件趋于增多(中等信度)。1961—2017 年,华中区域日平均降水强度整体呈增加趋势,其中暴雨及以上(日降水量≥50 毫米)强度以 0.4(毫米/天)/10 年的速率明显增加,且 2010 年以来增速加快。20 世纪 80 年代至 21 世纪前 10 年华中区域小时强降水(≥50 毫米/时)发生频次先减后增,21 世纪 10 年代以来呈波动变化。{3.3}

近 20 年来特旱和重涝事件增多(中等信度)。1961—2017 年,华中区域日降水极端事件、暴雨日数以及连续无雨极端事件均无显著变化趋势,但呈现较明显的年代际波动。特别是近 20 年来特旱和重涝日数增多,极端性增强。历史上特旱和重涝日数最多的 10 年近半都发生在该时段内,如 2001 年、2013 年、2010 年、2014 年 4 个特旱年,其中 2001 年特旱日数达 5.4 天,居历史首位;1998 年、2016 年、2010 年、2007 年、2012 年共 5 个重涝年,其中 1998 年重度洪涝日数最多,达 6.7 天。{3.3,3.4}

雾日数先增后减,大风日数减少趋势显著(高信度)。1961—2017 年,华中区域雾日数先增加后减少,特别是 1990—2015 年以 5.3 天/10 年的速率显著减少;大风日数以 2.0 天/10 年的速率显著减少,2000 年以来,华中区域大风日数年平均发生 2.8 天。{3.4}

极端天气气候灾害典型案例。21 世纪以来,极端天气气候事件引发的自然灾害频发,灾情加重,给区域带来重大的经济损失和人员伤亡。{表 SPM.1}

表 SPM.1 21世纪以来华中区域极端天气气候灾害典型案例

灾害种类	典型案例	灾害影响
暴雨	2017年6月22日至7月2日,湖南省平均降雨量292.4毫米,为近年来同期历时最长、范围最广、强度最大的降雨过程,暴雨过程持续时间达11天,创湖南历史新高。	湖南省直接经济损失381.5亿元,死亡或失踪83人。
暴雨	2016年6月18日至7月20日湖北省先后遭遇了六轮大范围的强降雨过程,平均降雨量565.9毫米,麻城、大悟、红安、江夏、蔡甸、建始日降水量突破历史极值,宜昌龙泉山村1小时高达158.8毫米,沙洋马良镇32小时累计雨量达880.8毫米。	湖北省直接经济总损失543.85亿元,死亡92人、失踪19人。
高温热浪	2013年7—8月,华中区域出现罕见高温天气过程,长沙持续高温48天,破历史记录,极端最高气温达43.2℃。	华中3省电网供电负荷均创历史新高;武汉重症中暑64例,5人死亡。
低温冰冻	2008年1月12日至2月8日,华中区域遭遇罕见低温雨雪冰冻灾害,冰冻平均持续时间13.5天,河南省固始积雪深度达41厘米,为近50年最大。	造成华中3省直接经济损失800.76亿元。
干旱	2011年,湖北省出现冬春连旱,全省90%县市的雨量为有气象记录以来同期最少,湖南省出现罕见的春夏秋连旱,其中,特旱面积覆盖全省90%地区。	湖南省和湖北省直接经济损失200.38亿元。
强对流	2015年6月1日晚,湖北省荆州市监利县长江水道突发罕见的强对流天气(飑线伴有下击暴流)带来的强风暴雨,瞬时极大风力达12~13级,1小时降雨量达94.4毫米,导致"东方之星"客轮发生翻沉事件。	造成442人死亡。

3 未来气候变化和风险

3.1 未来气候变化趋势

未来华中区域年平均气温将继续升高,中期和远期升温明显(高信度)。区域气候模式RegCM4.4在RCP4.5中等温室气体排放情景下预估表明,与基准期(1986—2005年)(以下简称基准期)相比,华中区域年平均气温近期可能增高1.1℃,中期可能增高2.1℃,远期可能增高2.9℃。空间分布上,未来华中区域年平均气温增幅高值区主要位于湖南省北部,其次为湖北大部及河南西部,湖南南部及河南中东部增幅较小。{4.2,图SPM.4(a)}

未来华中区域降水量整体呈增加趋势,中期可能减少(中等信度)。近期、远期区域年平均降水量可能分别增加2.7%、7.6%,中期降水量可能减少1.9%。空间分布上,未来华中区域年平均降水量主要呈南部减少北部增多分布,其中湖南省中部及南部减少2%~6%,河南省中北部增加18%~22%,为降水变率较大区域。{4.2,图SPM.4(b)}

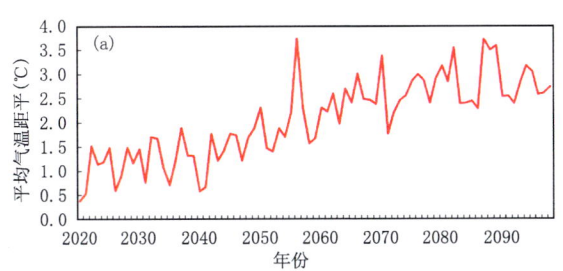 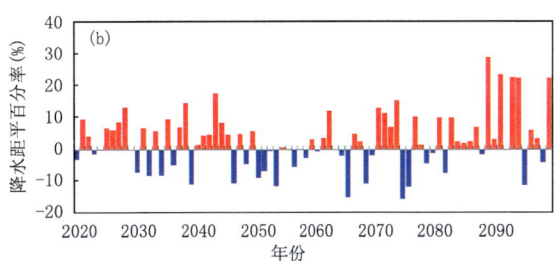

图SPM.4 中等排放情景下2020—2100年华中区域年平均气温(a)和降水(b)变化

(相对于1986—2005年)

专栏2:排放情景和气候模式说明

1. 排放情景

利用气候模式预估未来全球和区域气候变化,需要基于对未来温室气体、气溶胶和化学活性气体的浓度以及土地利用/土地覆盖状况的估算,即排放情景。排放情景源于一系列对未来全球经济社会发展路径的假设,涵盖人口增长、经济发展、技术进步、环境变化、全球化、公平原则等方面。典型浓度路径(RCP)即由多种未来发展路径构建的排放情景系列之一,其中RCP2.6代表低排放情景——有三分之二可能性将21世纪末全球变暖控制在2.0℃以内(与工业化前相比,下同);RCP8.5代表高排放情景——全球不采取任何应对气候变化政策措施,从而导致大气中温室气体浓度持续大幅增长,到21世纪末全球变暖程度可能达到3.2~5.4℃;RCP4.5和RCP6.0代表中等排放情景,对应于中等温室气体排放,到21世纪末全球变暖程度分别为1.7~3.2℃和2.0~3.7℃。本次评估主要采用RCP4.5中等排放情景。

2. 气候模式

根据基本的物理定律,确定能够反映气候系统中各个分量演变特征的数学方程组,并将其在计算机上实现程序化后,就构成了气候模式。气候模式可以用来描述气候系统、系统内部各个组成部分及各个部分之间、各个部分内部子系统之间复杂的相互作用,已经成为认识气候系统行为和预估未来气候变化的定量化研究工具。

3. 共享社会经济路径(SSPs)

SSPs反映了不同发展路径的选取对社会经济的影响,可以动态描述气候变化影响、适应和减缓的综合联系。SSP1是一个实现可持续发展、气候变化挑战较低的路径。SSP2是中间路径,面临中等气候变化挑战。SSP3是区域竞争路径,面临高的气候变化挑战。SSP4是不均衡路径,以适应气候变化挑战为主。SSP5是一个以传统化石燃料为主的发展路径,以减缓气候变化挑战为主。

3.2 未来极端天气气候事件变化

未来极端高温和降水事件趋多趋强(高信度)。 RCP4.5中等温室气体排放情景下,华中区域近期大雨日数、暴雨日数和最大连续5天降水量较基准期分别增加4.7%、20%和9.5%,中期分别增加0.7%、20%和11.7%;空间分布上,近期暴雨日数和最大连续5天降水量增加的高值区主要位于河南,中期则是湖南;近期、中期大雨日数增加的高值区主要位于河南。华中区域近期高温日数和日最高气温较基准期分别增加1.7倍和3.9%,中期分别增加2.7倍和6.4%。高温日数增幅高值区主要位于中东部,尤以湖南最为明显;日最高气温增幅高值区近期和中期主要位于区域北部。{5.1,5.2}

未来华中区域高温和暴雨洪涝灾害风险可能增加(中等信度)。 结合未来人口和经济发展情景,21世纪近期、中期和远期,高温灾害高风险区面积较基准期分别扩大了5.9%、8.0%和8.8%,风险高值区主要集中在区域中东部,西部大部为低风险。暴雨洪涝灾害高风险区面积中期和远期分别为10.7%和13.4%;与基准期相比,高风险区面积近期、中期和远期分别增加0.5%、1.1%和3.8%,高风险区域呈现向区域北部扩展的趋势。{5.1,5.2}

4 气候变化对农业的影响

华中区域是我国重要的商品粮、棉、油和多种农副产品生产基地，农业类型丰富多样。本章主要评估气候变化对区域主要粮食作物、经济作物、淡水养殖已产生的影响，未来气候变化可能的影响及风险，提出农业适应气候变化的措施建议。{图 SPM.5}

			农业		湖泊湿地			重大水利工程		
			观测	未来		观测	未来		观测	未来
影响因子		降水量	↗	↗	降水量	↗	↗	降水量	↘	↗
		生长季积温	↑	↑	温度	↑	↑	温度	↑	↑
		旱涝灾害	↑	↑	旱涝灾害	↑	↑	旱涝灾害	↗	↗
		高温热害	↑	↑				径流量	↘	↗
		低温冷冻害	⇓	⇓						
影响及风险	种植北界北移	粮食作物	✓ ★★★	✓ ★★	水资源总量	⊖ ★★	✓ ★★	发电稳定	✗ ★★	✗ ★★
		经济作物	✓ ★★★	✓ ★★	水资源波动性	✓ ★★★	✓ ★★	防洪安全	✗ ★★	✗ ★★
	生长季延长	经济作物	✓ ★★★	✓ ★★	湿地面积	✗ ★★		供水保障	✗ ★★	✗ ★★
	产量	粮食作物	✓ ★★	⊖	植被群落演变	✓ ★★		水能利用率	✗ ★★	✗ ★★
		经济作物	✓ ★★	⊖	生物多样性	✓ ★★		运营成本	✗ ★★	✗ ★★
		水产养殖	⊖ ★		候鸟栖息环境					
	品质	粮食作物	⊖ ★★		鼠害	✓ ★★				
		经济作物	⊖ ★★		血吸虫病传播	✓ ★★	✓ ★★			

变化趋势	显著增加	↑	略微增加	↗	略微减少	↘	显著减少	⇓
可信度	高信度	红	中等信度	黄	低信度	蓝		
影响/风险	有利	✓	不确定	⊖	不利	✗		
影响程度	明显	★★★	一般	★★	不明显	★	未评估	

图 SPM.5 观测到的气候变化对不同领域的影响和未来风险

4.1 影响和风险

区域小麦、水稻的气候适宜种植界线北移(高信度);增温对北部粮食作物增产有利,中南部温度升高使水稻生育期缩短,高温热害增多对水稻产量和品质不利(中等信度)。气候变暖背景下,冬小麦种植界线北移及抗寒性弱的冬小麦品种向北、向西扩展,弱冬性的品种替代强冬性品种,春性品种的种植北界平均向北移动了230千米。小麦不同生长期增温后气温仍在适宜范围内,越冬期缩短、返青和抽穗期提前,抽穗—灌浆—成熟时间延长,对冬小麦提高千粒重和产量总体有利。增温对小麦增产的作用随着气温升高减弱,2001—2007年增温对小麦增产的贡献率相对于1961—1981年为20.7%,相对于1991—2000年仅为1%左右。积温增加使1991—2017年双季稻北界比1961—1990年北移了30~100千米,其中"早熟+中熟""中熟+中熟"北界分别北移了约65千米和30千米。与1961—1990年相比,湖南省1981—2008年"中熟+迟熟"种植适宜区面积增加约10.2%。区域北部水稻抽穗—成熟期延长,对产量有利;中南部水稻因升温生育期缩短,干物质积累减少,相同品种产量有减少的趋势。灌浆结实期高温热害增多使糙米率、精米率、整精米率等碾米品质下降,垩白、糊化度增加,透明度降低。1951—2011年区域北部夏玉米全生育期每10年延长2.1天,与1991—2000年相比,2001—2011的气候条件对夏玉米产量有利,影响率为4.7%。由于热量资源增加,2000年以后北部小麦玉米套种模式改为麦后直播玉米,早熟玉米品种被中熟品种取代,麦后直播玉米比套种模式平均增产3.4%。{6.1,SPM.6}

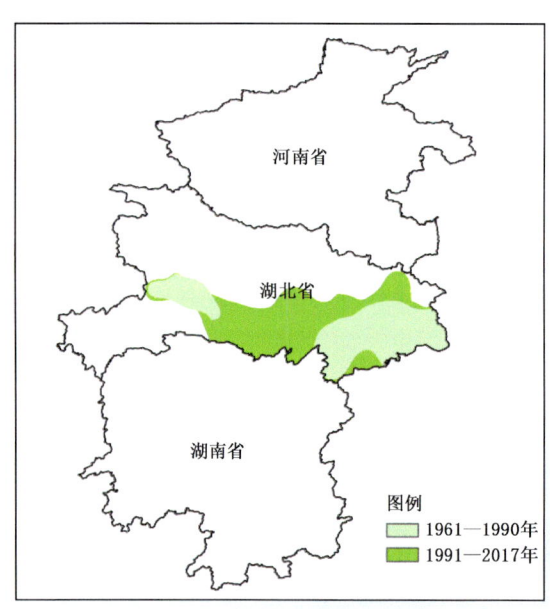

图 SPM.6 华中区域双季稻"早熟+中熟"搭配种植模式北界变化图

区域柑橘、茶叶、油菜、油茶等经济林木或作物适宜种植范围扩大、发育期及产量发生变化,北部较南部明显(高信度)。气候变暖使区域中南部柑橘最适宜种植区显著增加,1981—

2008年与1961—1990年相比,湖南省柑橘最适宜种植区迅速扩大了55%,湖北省从1990—2015年柑橘实际种植面积增加了近3倍。柑橘春季芽开放、开花期提前,成熟期推迟,芽开放到采收的天数平均每10年延长6天。湖北南部和湖南大部花期高温热害、果实生长膨大期干旱风险增加,造成产量不稳定。柑橘木虱越冬区域有明显北扩,湖南省柑橘黄龙病发生风险增加。气温升高使得"南茶北移"趋势明显,区域北部茶叶种植面积增加。茶树冻害、春霜冻减轻,春茶开采期提前,茶叶生长季延长,有利于茶叶产量增加。区域油菜最适宜种植区面积显著增加、次适宜种植面积显著减少,湖南省最适宜种植区面积增加量为20.8%。进入21世纪以来,区域中南部油菜适宜播种期比20世纪80—90年代推迟了一周左右,近5年春季渍害增多,造成油菜含油量和蛋白质含量下降。湖南省油茶最适宜种植区面积增加量为2.0%,油茶冻害风险降低,但高温热害影响增大。{6.2}

对淡水鱼类养殖安全越冬有利,旱涝灾害及极端高温事件增多,增加了水产养殖管理的成本(中等信度)。冬季升温对耐寒性较差的热带、亚热带鱼类的安全越冬有利。21世纪以来倒春寒发生次数、范围及程度都有所减轻,有利于提高淡水鱼类繁殖成活率。干旱事件增加不利于发展池塘养殖,过度发展水产养殖又加重干旱发生。近20年洪湖地区水产养殖面积增加了近7倍,水资源需求大,在降水偏少的年份,加重了干旱的影响。如2011年的冬春连旱给洪湖和洞庭湖水产养殖业造成巨大创伤,仅洪湖地区水产养殖业经济损失就达4.17亿元。21世纪以来暴雨洪涝、极端高温事件多发对淡水养殖的影响较大。鱼类在暴雨洪灾的应激条件下,食欲下降,生长缓慢或停止。极端高温事件使养殖水体水质变差、鱼类病害增多,温水性鱼类摄食功能下降,消化吸收率降低,生理代谢不良,抗应激能力下降。如2016年洪涝灾害造成洪湖大量鱼塘淹没,鱼虾逃逸,受灾严重,水产养殖业损失10.5亿元。{6.3}

未来气温升高、大部降水增多,使区域农作物更加丰富多样;升温及降水的不均匀性增加,使高温热害、旱涝灾害风险增大,对农作物产量及品质不利影响更加明显(中等信度)。21世纪区域大部气温升温明显,区域强冬性小麦适宜种植范围进一步缩小,弱冬性小麦适宜种植面积进一步扩大;柑橘、茶叶、油茶等适宜种植区域北扩、种植海拔高度上移,栽培区域有所扩大。湖北大部、湖南北部气温增幅较大,部分中亚热带、南亚热带作物可能北移到该区域,使区域适种农作物品种更加丰富多样。河南大部、湖北西北部在气温略增的同时,降水量增加,光温水配合趋优,有利于进一步发展特色农业。未来气温升高及降水的不均匀性增大,可能导致区域高温热害、旱涝灾害风险增加,使区域小麦、水稻、玉米、油菜、棉花等作物产量不稳定性增加。湖北南部、湖南中北部高温热害风险增大,对水稻品质有较大影响。未来气候变化对烟叶、柑橘、茶叶、油茶等经济作物和林木产量的影响有空间差异,北部以有利为主。冬季气温升高,柑橘木虱越冬区域继续"北扩",湖南柑橘产区发生黄龙病的风险进一步增加。2041—2060年增温对小麦产量影响是负面的,对其他农作物产量和品质的不利影响较前期更为明显。{6.1,6.2}

4.2 应对策略和措施选择

推进农业种植制度调整,优化粮食作物布局,发展多熟制。根据未来华中区域热量资源增加特点,在区域中部水稻产区适当换种生育期较长的中晚熟品种,适度扩大双季稻种植面积;河南南部、湖北北部冬麦区要适度推广弱冬性或春性小麦品种,适当推迟小麦播种期;北部玉米产区继续推广玉米中熟品种和"麦后直播玉米"技术;加强培育和推广抗旱抗涝、抗高温、抗病虫害等抗逆品种。

挖掘山区气候资源优势,打造柑橘、油茶等特色农业优势产业带。开展山区农业气候资源精细区划,开展名特优农产品气候品质评价和论证;利用山区气候资源优势,打造三峡河谷及湘南脐橙、鄂西及湘西椪柑、蜜橘、冰糖橙等优质柑橘产业带;把油茶产业作为区域南部林业的优势特色产业,建立区域化、规模化的产业格局。

提高水产养殖防范气象灾害能力,推广"鱼稻"等综合生态循环农业模式。加强水产养殖水环境要素、渔事活动气象条件、气象灾害、鱼类病害等的监测预报,减少浮头泛塘和鱼类病害的发生概率;在水资源承载力评估的基础上规划和发展水产养殖业,合理有序地推广"虾稻""鱼稻"等综合生态循环农业发展模式。

强化极端气候事件监测预报及信息服务,增强农业防灾减灾能力。加强旱涝、高(低)温等极端气候事件的监测预报及气象信息服务;强化农业适应气候变化、防范极端气候事件的工程措施的研究和推广,减轻极端气候事件对农业的不利影响;完善政府主导、多部门参与的农业天气指数保险机制,扩大农业保险种类和覆盖面,提高气象灾害灾后重建能力。

5 气候变化对重大水利工程营运的影响

华中区域水资源丰富,长江、黄河、淮河等河流横穿境内,水利工程密布,最著名的是三峡工程和南水北调中线工程。三峡工程,位于中国湖北省宜昌市三斗坪镇境内的长江干流上的上下游交界处,是中国有史以来建设的最大型工程项目,具有防洪、抗旱、发电、航运、减排等重大作用。南水北调中线工程是解决北方缺水问题的重大工程,重点解决河南、河北、北京、天津4省(市)的水资源短缺问题,为沿线大中城市提供生活和工农业用水,受益人口达3800万人。近年来长江流域洪水、干旱灾害频发,对水库安全运行、科学调度和发挥水利枢纽工程的综合效益都提出了严峻考验。{图SPM.5}

5.1 影响和风险

长江上游旱涝特征的改变以及极端降水事件发生强度与频率的变化均对三峡工程的安全运营产生影响(中等信度)。 长江上游年降水量年际波动较大,5—9月暴雨和极端降水量呈增加趋势;长江上游绝大部分支流和宜昌水文站年平均流量呈减少趋势。降水形式更加趋于集聚化,年降雨、年平均径流量时空变异程度的加剧,导致旱涝特征的变化,造成三峡水库来水时间分布更加不均匀,增大入库水量变动范围。当汛期入库水量超出原库容设计标准及相应正常蓄水位时,水库防洪调度任务加大;遇持续干旱引发入库水量锐减,给水库蓄水、发电、航运及水环境等带来不利影响,加剧水库运行的不稳定性。暴雨强度加大和次数增多引发的泥石流、滑坡等地质灾害对三峡大坝的安全产生影响。2006年8月四川、重庆发生了特大干旱,长江干流寸滩、宜昌等水文站相继出现历史同期最低水位,造成库区来水不足,发电不稳。2007年7月16日重庆市发生特大暴雨,引发了严重的山洪、滑坡和泥石流灾害,对水库航运、防洪等产生影响。2020年7—8月,受长江上游强降水过程影响,多条河流发生超保证水位或超历史洪水,三峡来水量大幅增加,接连发生5次编号洪水,三峡水库出现建库以来最大入库、出库流量和夏季最高水位,导致三峡防洪调度任务加重,对工程的安全、正常运行带来威胁。{7.2}

南水北调中线工程水源区和受水区降水量年际变率增大,受水区、水源区丰枯同期概率加大,增加了中线工程的调水难度(中等信度)。 1960—2015年水源区和受水区年降水量年际变率增大,呈现旱涝极端事件交替出现的特征。20 世纪以来水源区干旱年出现概率处于历史高位,受水区各流域与水源区同旱概率也处于历史高位。近 20 多年来,水源区降水年代际及年内季节的变幅在增大,极端旱涝事件和旱涝急转的概率明显增加,20 世纪 90 年代后受水区和水源区同枯同丰概率加大。90 年代以来丹江口水库入库流量偏少,21 世纪以来有所增加。地下水观测数据显示,华北平原地下水消耗已出现"拐点",地下水储量变化趋势由调水前(2005—2014 年)的 −23 亿立方米/年转变为了调水后(2015—2018 年)的 +3 亿立方米/年。水源区旱涝变化影响中线工程可调水量,受水区旱涝变化影响需调水量及供水保证率,中线水源区和受水区旱涝配置直接影响中线工程所需调水量、调水的经济效益和正常运行。2016 年是中线水源区连续第 5 个枯水年,丹江口水库入库水量较常年偏少 4 成左右,水位长期徘徊在 150 米的死水位以下,极不利于向干旱严重的淮河、海河等受水区输水,对汉江中下游仅以生态流量下泄。2017 年汛期来水丰枯不均,枯丰急转,夏汛特枯,秋汛特丰,造成 8 月之前水库运行调度紧张,9—11 月来水特丰,水库在满发的情况下发生了弃水。{7.2}

三峡水库未来年平均发电量、无法利用的弃水将增加,水能利用率下降;但极端偏枯年份来水偏少的异常程度加剧,未蓄满年份平均蓄水位和发电保证率将下降(中等信度)。 21 世纪中后期长江上游降水、平均气温、径流量呈增加趋势,径流年内分布的均匀性有所增加,但年际变化明显增大,嘉陵江流域、乌江流域和长江上游干流旱涝出现的频率和程度也显著增加,是对气候变化响应最敏感的区域。预估 2046—2065 年三峡水库蓄满率将下降 0.7%~6.7%,平均蓄水位下降 0.2~0.6 米,年平均发电量将增加 2.0%~2.3%;在 2080—2099 年时段,三峡水库蓄满率提高 3.3%~7.3%,平均蓄水位下降 0.1~0.2 米,年平均发电量将增加 5.2%~8.1%。发电量增加主要集中在春季和秋季,然而发电量的年际变异明显增大,尤其是在枯水季节平均蓄水位和发电保证率有微弱下降,从而降低了水库的运行效率和电力供应的稳定性;同时,由于未来汛期径流总体增加,且大洪水发生概率增加,超额洪量无法开展洪水资源化利用,将引起弃水增加,水能利用率下降。{7.3,图 SPM.7}

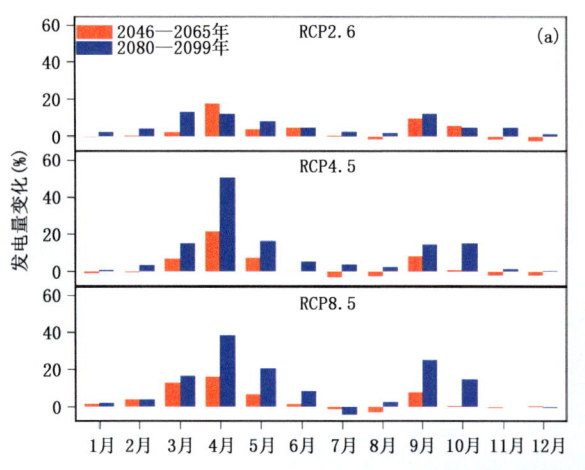 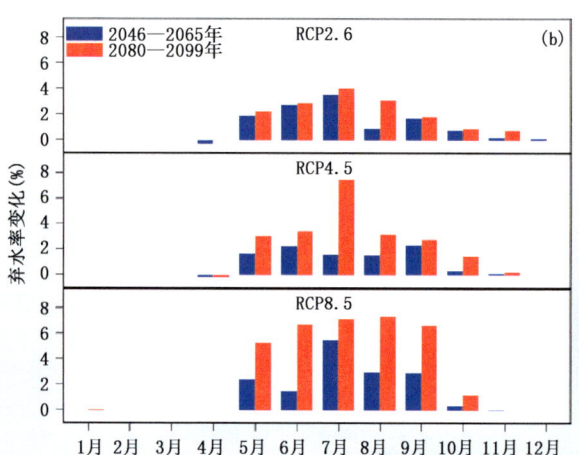

图 SPM.7 3 种 RCPs 下 5 个 GCMs 集合预估的未来典型时段逐月发电量相对于基准时段的变化
(月平均发电量变化(a)和弃水率变化(b),基准期为 1986—2005 年)

未来南水北调中线工程水源区和受水区降水均不同程度增加，调水可能总体朝有利方向发展（中等信度）。 未来情景下水源区和受水区降水均不同程度增加，2020—2050年以干旱事件为主，2050—2100年存在较大的受水区和水源区同涝风险。未来情景下可调水量将较为丰沛，供水压力将减小，受水区的生产、生活、生态用水压力将得到较大的缓解，CMIP5模式预估结果显示未来水源区对各受水区调水保障概率均在88%左右。未来丹江口水库在中低等排放情景下的断流年数最少，均在5~7次，而在高排放情景下断流的年数最多，达到了15次左右。2020—2035年三种调度模型（优先保证南水北调用水、优先保证汉江中下游用水和两者兼顾）中线工程调水量分别为60亿~100亿立方米/年、50亿~90亿立方米/年和50亿~100亿立方米/年。所有排放情景下，中线工程可调水量和郑州市水资源缺口，都是丰枯异步的遭遇概率最高，对南水北调中线工程与郑州市的水量调度明显有利。约80%的年份中线工程对郑州市的供水安全有着正面的影响，而其余20%的年份中线工程对郑州市的供水安全有着负面的影响。2050—2100年水源区和受水区存在着同涝的风险，出现阶段性强降水的概率大，将增加南水北调中线工程的防洪压力。{7.3}

5.2 应对策略和措施选择

增强区域重大水利工程应对极端气候事件的能力。 加强长江流域极端气候事件成因研究，深入开展气候变化对重大水利工程影响评估，完善长江流域重大旱涝灾害监测预测系统，制定重大水利工程应对气候变化的长远规划与设计，完善重大洪涝、干旱遭遇事件的水库调度应急预案。

提升流域水库群水资源联合调度气象预报水平。 加强短、中、延伸期降水智能精细化网格预报和关键期旱涝预测技术研究，提高预测预报精度，延长预见期，为长江上游水库群、南水北调中线工程水源区与受水区水资源联合调度提供技术支撑，减少极端天气气候事件背景下的工程运行风险。

建立适应气候变化的水资源管理方式。 根据气候变化规律优化调整水库水资源调度管理方案，提高水资源利用效率。综合利用流域实时水情和气象预报预测信息，提高水库蓄水保证率和洪水资源利用率，减少弃水率，最大限度发挥重大水利工程防洪、供水、生态、发电、航运等综合效益。

6 气候变化对湖泊湿地生态的影响

湿地是"地球之肾"和气候变化的"缓冲器",既调蓄洪水、缓解干旱,又可以吸收和储存碳,是地球上最有效的碳汇,在应对气候变化方面发挥着不可替代的作用。洞庭湖和洪湖是长江中游典型湖泊湿地,也是国际上著名的湿地,其生态保护成效事关长江流域生态安全与绿色发展,因此,本章以洞庭湖和洪湖为例,分析气候变化对区域湖泊湿地生态的影响,提出湖泊湿地适应气候变化的应对策略和措施选择。{SPM.5}

6.1 影响和风险

洞庭湖和洪湖水资源呈年代际波动变化,水资源季节性分布特征明显,夏季水资源过于集中易引发洪涝,春季水资源不足易发生干旱(高信度)。受降水年代际变化影响,20世纪50年代至21世纪前10年,洞庭湖和洪湖水资源大体呈现"丰—枯—正常—正常—丰—枯"的年代际变化特征。湖水面积对水资源丰枯的响应程度较高,洞庭湖和洪湖水体面积总体为减少趋势,但20世纪90年代最大,21世纪前10年最小,近年趋于平稳。21世纪后洞庭湖和洪湖地表径流总体表现为减少趋势,其中,洞庭湖流域及湘江、资水、沅江、澧水等子流域地表径流深在21世纪初先后出现突变点,地表径流深分别减少了28毫米、15毫米、130毫米、112毫米和102毫米。由于夏季降水增多而春季降水减少,20世纪90年代以来,洞庭湖和洪湖发生7次夏季大洪水;同时春季低水位出现频率增加,洞庭湖和洪湖分别在2000年和2011年发生严重春季干旱,对春季农业生产用水造成极大影响。{8.1,图SPM.8}

 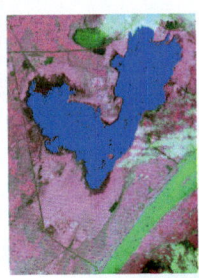   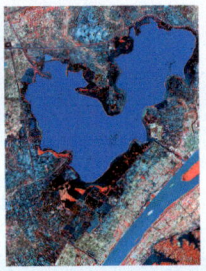

1973年11月2日　　1984年9月17日　　1996年10月4日　　2006年10月16日　　2017年10月31日

图 SPM.8　卫星遥感监测的不同年份洪湖水体范围变化图

气候变化和极端气候事件导致湿地生态系统物种结构和生物群落的转变,影响生物多样性和候鸟栖息环境(中等信度)。伴随着气温升高导致的蒸发量加大和降水的不均衡分布,加快了湿地萎缩及湿地类型的转变,引起湿地生态系统物种结构和生物群落的转变。20世纪50—90年代,洪湖沉水植被中穗状狐尾藻、微齿眼子菜和金鱼藻群落分布范围从周边向湖心扩展,而轮叶黑藻群落从湖中心消失。2000年以后洪湖沉水植物群落分布破碎化明显,洪湖湖滨带植物种类减少。1951—2015年洞庭湖区旱涝急转现象频繁加剧洞庭湖湿地生态环境改变,特别是2003年以后的持续干旱导致湖盆面积的萎缩、水禽适宜栖息地面积减少和湿地物种资源减少,致使鸟类数量大为减少,珍贵鸟类难觅。2011年洪湖遭遇70年一遇严重干旱,植物多样性指数(香农—维纳)从旱前(2010年)的0.7903提高到旱后(2011年年底)的1.9136;2016年洪湖湿地发生严重洪涝,11月多样性指数仅为0.1582,同时洪湖湿地生物量骤减,仅为2014年同期生物量的3%。2008年初的严重雨雪冰冻灾害对湖泊湿地鸟类产生极大影响,洪湖保护区发现候鸟冻死现象,300多只的紫水鸡不见踪影,洞庭湖凤头潜鸭数量减幅超过90%。{8.2}

气候变化导致两湖地区血吸虫病流行范围扩大,加重湖泊湿地鼠害(高信度)。冬季气温显著升高有利于钉螺安全越冬和其密度提高,1988年以来洞庭湖区钉螺总面积有扩大的趋势;湖北省钉螺和血吸虫其生长发育适宜区在21世纪后扩展至除鄂西中高山以外的湖北大部地区。洪涝灾害可引起两湖地区钉螺扩散、急性血吸虫感染增加,洞庭湖区严重洪涝年的1988年、1996年和1998年钉螺总面积较上年分别增加了52662.2平方千米、41392.4平方千米和11149.8平方千米。洞庭湖东方田鼠发生量与冬季降水量呈正相关,近50年来洞庭湖区冬季降水量呈增加趋势,有利东方田鼠的生长繁殖,冬季降水量在200毫米以上的年份东方田鼠灾害都为特大发生。{8.2,8.3}

未来洪湖、洞庭湖流域水资源呈现增加的态势,但水资源汛期丰沛、枯季紧缺的时间分布特征更明显(中等信度)。到21世纪70年代,洞庭湖和洪湖湿地年水资源总量均呈现增态,径流均有所增加。但水资源波动更趋剧烈,时空分布上更不均匀,表现为汛期水量更丰沛、枯季水量相对更紧缺,极端旱涝事件发生更为频繁。{8.1}

未来洞庭湖周围的血吸虫传播风险加大,湖北钉螺潜在分布风险区范围相对扩大,钉螺潜在分布的中、高风险区向北移动(中等信度)。21世纪中叶,洞庭湖周围与湖北省内的长江沿线区域血吸虫传播风险明显上升。到21世纪末,湖北省钉螺潜在分布风险区面积扩大9.3%,风险区向北移动至鄂东北、汉江平原中部、鄂西北东部、鄂西南局部。{8.3}

6.2 应对策略和措施选择

提升湖泊湿地极端气候事件的预警、监测、评估和应对能力。极端旱涝气候事件已经成为影响湖泊湿地的突出因素。整合和优化湖泊湿地的气候、生态监测站网,发展卫星遥感技术,加强气候变化、极端气候事件特别是极端旱涝事件对湖泊湿地生态系统影响的预警、监测和评估;开展濒危生物栖息地气象灾害风险区划,保护湖泊湿地生物多样性。

根据气候变化规律科学规划湖泊湿地产业布局。 要根据气候变化规律,积极履行《湿地公约》,推动湿地有效保护修复与合理利用。综合考虑湖泊湿地的水文过程、水系连通、雨水资源配置、生态保护需要等问题,科学进行气象水文调控,以便在极端干旱气候条件下,湿地不干涸、不断流,在极端强降水条件下,有足够的湿地容量蓄洪、调峰。开展湖泊湿地雨水资源气候承载力评估,统筹规划,继续加大退田还湖力度,调整湖区产业结构。

加强疫情风险区域钉螺查灭和流行传播的防控。 根据冬春季气候预测做好螺情疫情监测预警,适当提前春季查螺、灭螺时间;依据汛期旱涝趋势预测,做好防范血吸虫病流行传播风险的应急准备。针对未来气候变化背景下血吸虫疫情向北扩散的风险,加强潜在风险区域疫情防控,力求将螺情疫情消灭在萌芽状态。

附录
重要概念

气候变化：气候系统状态在数十年或百年甚至更长时间尺度上的变化，而且这种变化可以通过其特征的平均值和/或变率的变化予以识别。

气候变化评估：对特定地区在某段时期气候状态的改变及其自然和人为原因进行辨识、分析和评价的过程。

气候变化预估：根据一些假设条件对未来的气候演化趋势及其可能性的判断，特指依据不同的温室气体和气溶胶排放或大气浓度的可能情景，利用气候模式对未来十几年到上百年的气候变化趋势的模拟和分析。

距平：气候要素值与多年平均值的偏差，高于平均值为正距平，低于平均值为负距平。

极端天气气候事件：天气或气候变量值高于（或低于）该变量观测值区间的上限（或下限）端附近的某一阈值时的事件，其发生概率一般小于10%。

梅雨：在中国长江中下游地区和台湾地区、日本中南部、韩国南部等地，每年6月和7月都会出现持续天阴有雨的气候现象，由于正是江南梅子的成熟期，故称为"梅雨"，此时段便被称作梅雨季节。

华西秋雨：华西地区秋季（9—11月）连阴雨的特殊天气现象。自8月21日起，若某日监测区域内≥50%的台站日降雨量≥0.1毫米，则为该区域的一个秋雨日，否则为一个非秋雨日。

气象干旱日数：气象干旱综合监测指数（MCI）达中旱及以上等级（MCI<−1.0）的持续日数。

洪涝日数：有效降水指数（EP）达轻度洪涝及以上等级（EP>70毫米）的持续日数。

重涝日数：有效降水指数（EP）达重度洪涝及以上等级（EP>220毫米）的持续日数。

物候期：动物、植物的生长、发育、活动等规律与生物的变化对季节、环境、气候的反应，正在产生这种反应的时候叫物候期。

径流量：一定时段内通过某一河流断面的水量。

蓄满率：统计时段内蓄水期水库蓄满年份占所有年份的百分比。

弃水率：水库下泄流量超出水电站机组额定流量的水量占下泄总流量的比例。

水能利用率：一个水文年内水库实际用于发电的流量与入库总流量的比值。

生物群落：相同时间聚集在同一区域或环境内各种生物种群的集合。
沉水植物：指植物体全部位于水层下面营固着生存的大型水生植物。
灾害风险：危害性自然事件的发生概率及其可能的不利结果。

致 谢

感谢中国气象局气候变化专项(CCSF201821、CCSF201911、CCSF202008)、国家重点研发计划(2018YFE0196000、2018YFC1508001)的支持;感谢中国气象局科技与气候变化司在项目规划和组织协调等方面给予的大力支持;感谢国家气候中心、国家气象信息中心、中国气象科学研究院等在《决策者摘要》编写过程中提供的数据和技术支持;感谢生态环境、农业、水利、林业等相关部门以及三峡、汉江集团等企业的近40名专家,他们拨冗审阅了全文,并提出了很多中肯的意见和建议;感谢气象出版社的编辑,他们的耐心和热心,认真负责的专业精神是《决策者摘要》能高质量出版的保证。